THE
HANDMADE

SOAP BOOK

THE HANDMADE

SOAP BOOK

100%在家就可以簡單製作的
抗菌手工皂

大人和小孩都合用的抗菌手工皂・噴霧・紫草膏・洗手乳・家事清潔劑

Preface

起心動念，一起成就美好！

在皂界，花蓮姐的聲名早已響叮噹，
但她的謙遜與體貼，總讓人感覺與她零距離。

格子，是熱情且執著於理想的南台灣姑娘，
當媽之後，母性閃閃發亮，在作品之間展露無遺。

這書的企劃純粹只是一念之間的發想，
誠心感謝兩位手工皂達人讓這看似縹緲的動念成為真實的存在。

兩人一起合著，這樣的緣分何其美好！

Eliza T.
2009年9月於台北

foreword

以手工皂，抗菌過生活

　　除了美觀，手工皂更是實用的。值此流感盛行人心惶惶之際，針對生活上各種清潔需求設計了幾款配方。喜愛手工皂的讀者不妨依據自身需求，親手製作出各式可讓周遭親友減少受到細菌威脅的皂品。

　　能與心儀已久但新近方有緣相識且相談甚歡的蛋糕皂職人——格子老師合作，內心深感榮幸！更要感謝她百忙中抽空為我繪製專屬的Q版造型，感覺年輕了二十歲！

　　經由出版社深具新意的企劃，企盼此次南北皂友的聯手之作能帶給大家不同於以往感受的合輯。

花蓮姐（詹玲瑾）
2009年9月於台北

foreword

以手工皂呵護寶貝家人

格子，新手媽咪，資歷一年五個月。
丸子，活潑阿弟，年齡一歲五個月。

短短的一年五個月裡，親愛的丸子弟弟已經因為病毒感染住了兩次院。

第一回是在托嬰中心感染腸病毒，從發現症狀的當天下午到晚上，丸子弟弟就高燒不退、嘴巴破皮，不止食物吃不下，連水都無法入口，這時候的他才十個月。瞧見他小小身軀，從扎針到綁上膠帶、做了抽血檢查，從止不住的眼淚，到最後連哭都沒有聲音，當媽的格子真的好心疼。除了在一旁握著他的手，心中默默給他鼓勵，其餘的幾乎沒有辦法幫忙。

第二回的病毒感染，是在早晨起床發現丸子弟弟的額頭很燙，正值H1N1的傳染期間，當媽的格子又全身拉起警報，急忙抱著燒到39℃的丸子往急診室跑。

透過篩檢，顯示陰性，給了退燒藥後丸子降溫了，但接連著幾天持續高燒，燒燒退退持續飆高到40℃，連續三天。抽血、驗尿、X光片都檢查了，但都顯示無異狀，怎麼會這樣？在第四天拉了七次的肚子，第五天又莫名的長了全身的疹子……醫生說：這樣的症狀是病毒造成的。但是什麼樣的情形造成小孩有這樣的症狀？環境、病菌、手、大人、玩具、糞便……都有可能！

我想當過媽媽的人都曾有這樣的恐慌，擔心幼小的孩子身體病痛，希望他們小小身體所承受的一切都能由大人來代替。該給予孩子一個什麼樣無所懼的成長環境，是當了媽的格子一直很在意的問題。大賣場的推車、餐廳的寶寶椅、醫院的髒空氣、公共廁所的馬桶蓋……假設我能隨身攜帶一罐抗菌噴霧，應該可以解決這些問題吧？

　　居家環境裡，寶寶最愛的絨毛娃娃、床簾、抱枕……一定有很多肉眼看不見的小生物吧？天生有鼻子過敏的格子，同樣也擔心丸子的健康。連洗碗、洗奶瓶、洗衣服通通都可以添加自然的精油來抗菌，除了用的安心，連吃進嘴裡的也都要放心。

　　透過出版社的邀稿，格子卯足全力完成了這些成品，與前輩——花蓮姐有了第一次的合作，除了幸運，還有很多值得學習的地方。誠摯希望災難快快平息，讓更多的孩子能生活在自然、純淨的成長空間。

格子
2009年9月於高雄

Contents

PART 3 **格子**的抗菌配方·········70

PART 1

動手之前──
認識油品＆材料

文by花蓮姐&格子

你一定要懂的幾個名詞

◎皂化（Saponification）：油脂和鹼質混合反應後轉變為「皂」的現象。

◎皂化價（SAP Value）：指皂化一公克油脂所需要鹼質的毫克數。

　計算實例：

　材料

　橄欖油300公克（皂化價0.134）

　椰子油200公克（皂化價0.19）

　那麼（300X0.134）+（200X0.19）=78.2

　此配方所需氫氧化鈉為78.2公克

◎Trace：當油脂和鹼液混合攪拌至某種程度，皂液會呈現濃稠狀，若以攪拌棒劃過皂液表面，會留下明顯痕跡，此狀態稱為「Trace」。

◎超脂（Superfatting）：為使皂品較為滋潤，一般會採取「減鹼」或「加油」。而所謂「加油」，即是以正常比例製作，直到皂液「Trace」再後加入一定百分比的油脂（基礎油或所選擇的特殊油脂），因為皂化已完成且添加比例不高，所以不會影響皂化，這些油脂並沒有多餘的鹼與之作用，所以本身的功效和特性就比較會被留在皂裡。而「減鹼」則是在計算配方時先扣除一定百分比的鹼量，使皂化後仍有些許油脂未與鹼作用而留下，而使作品達到不乾澀的效果。

◎INS值：各種油脂的INS值是以皂化價—碘價計算出來的。碘價越低，INS值越高。而油脂的INS值會影響成品的軟硬度，一般建議的INS值在160，而INS值在120至170之間都是理想的硬度。

　計算實例：（500g Batch Size）

　材料

　橄欖油（INS值109）250公克

　棕櫚油（INS值145）100公克

　椰子油（INS值258）150公克

　那麼，（250/500）X109+（100/500）X145+（150/500）X258=160.9

　是很理想的INS值。

油脂造就手工皂成品的特性和質感

　　不同的油脂達到「Trace」所需的時間也不一樣。你可以依照個人的喜好及需求，決定配方中各種油脂的分量。

　　購買時請看清標示，一般油脂的有效日期，廠商都會清楚的標示在產品外包裝上（如果你買的是分裝的油脂，也要問清楚保存期限），開封後的油脂因為已經和空氣接觸，為避免酸敗最好存放在陰涼處，並儘早用完。

　　比較昂貴的油脂通常用來做超脂用，只需使用少量就可以有很好的效果。開封後最好放在冰箱裡保存。

　　因為脂肪酸比例的不同，油脂會呈現固態或液態，部分油脂會在氣溫下降時轉為固態（椰子油和棕櫚油）。以下是做手工皂常用的油脂，熟悉它們不同的性質後，你可以創造最適合自己的配方，也可以為周圍的親友量身訂做出他們專屬的手工皂。

椰子油

椰子油可以說是做手工皂不可缺少的油脂之一。富含飽和脂肪酸，可以做出洗淨力很強、較硬、泡沫很多、顏色雪白、質地很硬的皂，非常適合硬水區使用。但是洗淨力很強的皂難免會讓皮膚感覺乾澀，所以使用的分量不宜過高，建議用量是20％至30％左右。

椰子油屬於硬油的一種，秋冬氣溫下降時就會呈現固態，如果你買的是大桶裝，冬季來臨之前，最好先將它們分裝到可以微波處理的瓶子裡，便於製作時取用。

橄欖油

橄欖油含有豐富的維他命、礦物質、蛋白質，可以保濕並修護皮膚，製造出的皂泡沫持久且如奶油般細緻，由於深具滋潤性，也很適合用來製作乾性髮質洗髮皂和嬰兒皂。橄欖油可分為Extra Virgin、Virgin、Pure、Extra light、Pomace幾個等級。Extra Virgin含有的營養成分最高，但需要很長的時間才能完成皂化，比較不適合用來做手工皂。用橄欖油做皂，等級越低的越合適；高級的橄欖油還是拿來做菜入餐享受它的美味與營養最為實際。在一般的超市、大賣場都可以買得到橄欖油，有些供應商也出售Pomace級橄欖油。

棕櫚油

一般來說它是做手工皂的必備油脂之一，可以做出對皮膚溫和、清潔力好又堅硬厚實的皂。不過棕櫚油沒有什麼泡沫，所以一般都需搭配椰子油使用。如果配方中使用較高比例的軟油（像大豆油、葵花油、芥花油、葡萄籽油、蓖麻油等），可以配合棕櫚油使用，使成品較易成型。建議使用量20％至40％。

葵花油

含有豐富的維他命E，可以柔軟肌膚且抗老化。它的皂化價和橄欖油一樣，因為價格較便宜，常被用來取代橄欖油做皂。不過它有很低的INS值及豐富的多元不飽和脂肪酸，必須配合硬油來做皂，否則不但皂化過程緩慢，做出來的皂也是軟軟的。建議使用量是20％以下。

蓖麻油

　　蓖麻油是一種無色（或極淺的黃色）的黏稠液體，它特有的蓖麻酸醇對髮膚有特別的柔軟作用，製造出的皂泡沫多且具透明感（也是製作透明皂的主要油脂），許多洗髮皂的配方中也少不了它。此外，它還可以幫助維持精油、香精的香味。很容易溶解於其他油脂，所以也很適合當作超脂用油。有些朋友覺得蓖麻油做的皂比較不容易脫模，你可以耐心的多等幾天再脫模，並選擇適合的皂模且先做易脫模處理。

芥花油

　　大賣場隨處可見的芥花油是常用的製皂聖品。芥花油製作出的皂泡沫穩定而且滋潤。它含有比其他油脂高的不飽和脂肪酸，INS值也很低，必須配合其他油脂做皂。建議用量是30％以下。

白油

　　就是做點心常用的白油，以大豆等植物製作而成，呈固體奶油狀。白油可以製造出很厚實且硬度夠，極溫和，泡沫穩定的手工皂。價格不貴，取得方便。建議用量是30％以下。

葡萄籽油

　　葡萄籽油是一種非常清爽的油脂，容易被皮膚吸收，洗後一點也不乾澀。面霜等保養品也時常用到葡萄籽油，尤其它具有抗氧化及高保濕的效果，很受手作一族的青睞。INS值很低，脂肪酸成分顯示也有軟化的問題，要搭配硬油做皂，否則做出來的皂軟軟的，建議用量是15％以下。

芝麻油

　　含有優良的保濕效果，使皮膚具再生功能，並能促進血液循環，幫助皮膚防曬。不要使用熱製法製造成的麻油，可以找冷壓製作的（市面上有些日系超市的進口食品專櫃可以找到），有一點芝麻的清香味，但不像一般麻油味道那麼重。建議用量是10％以下。

米糠油

米糠油是由糙米外表的一層米糠所製造出來的，米糠油富含維他命 E 、蛋白質、維生素等物質，可以供給肌膚水分及養分，據說還有美白、抑制肌膚細胞老化的功能，建議用量是30％以下。

甜杏仁油

甜杏仁油非常清爽，有極佳的緩和、軟化及滋潤皮膚的功能，所以很適合乾性、容易過敏發癢的敏感肌膚，常被用來製作乳霜、唇膏、按摩油及手工皂。

甜杏仁油做出的皂泡沫持久且保濕效果非常好。也常被用來當作超脂使用，價格略高，但只需少量使用就可以有相當效果。

杏核油

含有豐富的維他命A及礦物質，保濕效果很好，可以軟化皮膚，使疲勞的肌膚恢復生機，很適合熟齡肌和過敏膚質者，常用來製造乳液、乳霜，用來單獨當作卸妝油使用也很適合。杏核油做出的手工皂泡沫小但持久，通常拿來做超脂用。

酪梨油

含有非常豐富的維他命A、D、E及氨基酸、卵磷脂等營養素，容易被皮膚吸收，有修復皮膚的功能。未精煉的酪梨油呈現自然的淺綠色，精煉過的則呈淡黃色。酪梨油也是製作手工皂的高級素材，做出來的皂很滋養，不過沒什麼泡沫，非常適合嬰兒及過敏性皮膚的人使用，建議使用量30％以下。

可可脂

以固態呈現，有一股香香的巧克力味道，也可以買到脫味的白色可可脂。可可脂沒有起泡力，做出來的皂較硬，很滋潤皮膚，能使肌膚柔軟，建議用量是15％以下。

榛果油

優異及持久的保濕力，使榛果油成為植物油中的佼佼者。價格較昂貴，常用來做超脂，只要一點點即可有很好的效果，非常合適做冬天用的皂。榛果油的保存期限很短，可放入冰箱保存較不易變質。

月見草油

月見草也稱「晚縷草」，它所含的羊毛脂肪酸成分使它具有寶貴的護膚功能。

月見草油可改善很多皮膚問題，如濕疹、乾癬，又可以消炎及軟化皮膚。特別適合老化及乾燥皮膚。但因容易氧化，開封後需保存於冰箱中。價格也非常昂貴。建議用量是5％以下。

大麻籽油

有著美麗墨綠顏色的大麻籽油保濕效果非常好，而且做成的手工皂成品非常細緻，質感之優深受筆者喜愛！用手觸摸即可明顯的感受到。極易氧化，開封後需保存於冰箱中。比例5％至10％即可有很好效果。

澳洲胡桃油

在價格上屬於高檔油脂。和荷荷芭油一樣具有長久的保存期限，使它成為做皂人的最愛之一。它的保濕效果良好，可幫助細胞再生及修復，是很親膚的油脂，建議可作為新手購買高檔油脂的入門款。建議使用量30％以下。

芒果脂

芒果脂是從芒果核萃取出來的黃色油脂，但沒有任何香味、水果味，保濕效果強。用芒果脂做皂的建議使用量15％，做出來的手工皂效果類似乳油木果脂，對皮膚溫和且泡沫像奶油一般，可以和乳油木果脂相互替代使用。用做超脂時建議用量是5％。

棕櫚核油

成分和椰子油類似，可以製作出清潔力強，較硬、泡沫多的手工皂，由於起泡度很夠，可以取代椰子油使用。建議用量是20％至30％。

紅棕櫚油

即未經脫色處埋的棕櫚油，富含β胡蘿蔔素及維生素E，做出來的皂呈現天然棕橘色，對於改善皮膚粗糙很有幫助，建議用量10％至30％。

小麥胚芽油

富含維他命E，能供給肌膚所需的養分，修復受損皮膚，對乾癬及溼疹等問題皮膚也極適用。但它本身容易氧化，開封後最好存放在冰箱中。用來做超脂的建議用量是5％。

玫瑰果油

特別適合受損及疲勞過度的皮膚，也極適用於老化肌膚。玫瑰果油能使肌膚柔軟，可以美白、防皺（也可以用來改善妊娠紋、頸紋）。有助改善疤痕及暗沉膚色、預防色素沉澱。但價格「相當不便宜」，建議用量是5％。

豬脂

屬於動物性油脂，因為便宜又容易取得，在手工皂的歷史上一直有它的蹤跡。豬脂可以做出泡沫豐富且色白的皂，但配方若配合椰子油和棕櫚油可以避免成品在冷水下洗滌效果不佳的缺點。建議使用量不要超過50％。

牛油

牛油做出的皂很白，堅硬厚實，溫和且泡沫穩定持久，如果你可以從速食店要一些來，不妨試試看。建議使用量不要超過50％。

荷荷芭油

荷荷芭是一種沙漠植物，荷荷芭油萃取自荷荷芭果實，屬於一種以液體呈現的植物蠟，成分很類似人體皮膚的油脂，保濕性佳且具有良好的滲透性與穩定性，能耐強光、高溫，是可以長期保存的基礎油。富含維生素D、蛋白質、礦物質、對維護皮膚水分、預防皺紋與軟化皮膚特別有效。含有抗發炎、抗氧化及維修皮膚讓皮膚細胞正確運作的功能，適合油性肌膚與發炎的皮膚、面皰、濕疹。可幫助頭髮烏黑柔軟和預防分叉，是最佳的頭髮用油，許多市售洗髮用品都會添加，可以滋潤並軟化髮膚，也可以調理油性髮質。

花草浸泡橄欖油

橄欖油含有角鯊烯或固醇、生育酚、多酚、葉綠素等，尤其是角鯊烯，是人類皮脂中重要的保濕成分，穩定性高，具高度抗氧化效用。

本書用來浸泡乾燥的花草，透過長時間的等待、萃取出花草當中對肌膚有益的成分，再把花草過濾掉，使用浸泡過的橄欖油來製作膏類保養品，讓這些花草的成分能充分發揮作用，讓肌膚恢復元氣、健康的狀態。

琉璃苣油

是由琉璃苣種子所萃取出來的油，含有豐富的Omega-6多元不飽和脂肪酸，其中的迦瑪亞麻油酸GLA（Gamma-Linolenic Acid）更高達濃度25％至30％，也是天然植物油中含GLA

濃度最高的，約為一般月見草油的二至二‧五倍（月見草油的GLA含量只有7%至9%）。

　　琉璃苣油能減輕皮膚發炎及過敏反應，可柔化皮膚，讓皮膚變年輕，也可預防皺紋、濕疹、乾癬的產生，並且有減緩皮膚老化的功效。對乾燥肌膚特別有效，可反轉紫外線對肌膚的傷害。

精緻乳油木果脂

　　由非洲乳油木樹果實中的果仁所萃取提煉，常態下呈固體奶油質感。可用來維持肌膚的健康，具高度保護及滋潤的效果，據分析乳油木果脂含有豐富的維他命群，可以潤澤全身，包括乾燥和脫皮的肌膚及增加髮絲光澤柔嫩，可提高保濕及調整皮脂分泌，具有修護、調理、柔軟和滋潤肌膚的效用。防曬作用佳，可保護、緩和、治療受日曬後的肌膚。和蜜蠟混合後隔水融化，可製成簡易的護膚及護髮的營養劑，若再加上一些具有滋潤效果的植物油（如甜杏仁油、橄欖油）可製成護唇膏及面霜，用來保護指甲（因指甲油含有有機溶劑的化學物質，會對指甲造成損害），也可用在治療指甲邊緣的脫皮。適用乾燥、敏感、經常日曬及需要溫和滋潤的肌膚，就連嬰兒也都適用喔！

天然蜜蠟

　　是蜜蜂體內分泌物的脂肪性物質，蜜蜂用它來修築蜂巢。其天然型態是顆粒狀，呈淡黃或橙色，有時也為棕色，有種特別香味；經漂白或精製後成白色或淡黃色，氣味極淡。製作手工皂時加入少許蜜蠟能使成品較硬。在此用來製作紫草膏，作用為提高成品硬度，並讓有效的成分隨著蜜蠟高度的成膜性附著在肌膚上，達到更好的作用。

油脂性質與用量建議表

油脂	氫氧化鈉皂化價	氫氧化鉀皂化價	INS值	Trace速度較快	起泡度	成品硬度	滋潤度	建議用量	備註
椰子油	0.19	0.266	258	★	高	硬	一般	20%至30%	
橄欖油	0.134	0.19	109		穩定	軟	高		
棕櫚油	0.141	0.199	145	★	穩定	硬	高	20%至40%	
大豆油	0.135		61		穩定	軟	清爽	20%以下	
葵花油	0.134	0.188	63		細小	軟	高	20%以下	
蓖麻油	0.1286	0.179	95	★	高	軟	一般	30%以下	
芥花油	0.1241	0.192	56		穩定	軟	清爽	30%以下	
白油	0.135		115		細小	硬	清爽	30%以下	
玉米油	0.136		69		細小	軟	一般	20%至30%	
花生油	0.136		99		細小		一般	20%以下	
葡萄籽油	0.1265	0.177	66		細小	軟	一般	15%以下	
芝麻油	0.133	0.187	81		細小		一般	10%以下	
米糠油	0.128	0.179	70		細小		清爽	20%以下	
甜杏仁油	0.136	0.192	97		穩定		高	30g以下（500g）	超脂用
杏核油	0.135	0.189	91		穩定		高	30g以下（500g）	超脂用
蜜蠟	0.069		84	★	少	硬		6%以下	
乳油木果脂	0.128		116	★	細小	硬	高	15%以下	超脂用
酪梨油	0.133	0.187	99		穩定		高	30%	超脂用
可可脂	0.137		157	★	穩定	硬	高	15%以下	超脂用
榛果油	0.1356	0.19	94		細小		高	30g以下	超脂用
月見草油	0.1357	0.19	30		細小		高	30g以下	超脂用
大麻籽油	0.1345	0.192	39		細小		清爽	10%以下	超脂用
荷荷芭油	0.069	0.098	11				高	6%以下	超脂用
澳洲胡桃油	0.139	0.195	119		細小		一般	6%以下	超脂用
芒果脂	0.1371		146	★	穩定	硬	高	15%	超脂用
棕櫚核油	0.156		227	★	高	硬	高	20%至30%	
小麥胚芽油	0.131	0.185	58		細小			（500g）30g以下	超脂用
玫瑰果油	0.1378	0.193	16					（500g）30g以下	超脂用
豬脂	0.138		139	★	穩定	硬	一般	50%	
牛油	0.141		147		穩定	硬	一般	50%	

凝膠形成劑

搭配三乙醇胺共同使用，可以輕鬆製作出凝露般的漂亮膠體，搭配玻尿酸或其他保濕成分，會有顯著效果。本書選擇此原料作用在於能抗酒精、酸鹼、起泡劑，所以製作出的乾洗手成品不會崩塌為水狀。

使用方式是先將1公克的粉灑在99公克的水上（粉先與2公克甘油拌勻會更容易溶解），靜待三十分鐘後，再將1公克的中和劑（三乙醇胺）加入，拌勻後即可形成凝膠狀態。

HEC乙基纖維素

屬於增稠劑的一種，增稠效果佳，觸感不黏膩。可依稠度自行調配1%至3%左右的比例。

使用方式是將粉與水拌勻後，加熱至100℃，再以打蛋器打勻即可。（使用電動打蛋器效果會更佳）

1%玻尿酸原液（200萬分子量以上）

玻尿酸可展現卓越的保濕效果，皮膚中玻尿酸越多，肌膚潤澤豐滿且青春亮麗。若不足時，會使皮膚乾燥、鬆弛，導致許多皮膚問題。

有機椰子油起泡劑

由多種植物來萃取而成，質地溫和、不刺激，是一支通過COGNIS有機認證的起泡劑，很適合做成洗碗精、洗衣精、沐浴乳等家庭清潔用品。使用後不需擔心殘留、刺激、過敏等問題。

使用方式是以有機椰子油起泡劑：水＝1：3的比例來稀釋，搭配精油與增稠劑，就能輕鬆製作出天然、有機的清潔用品。

Chlorbcxidine殺菌劑

有效對抗格蘭氏陽性、格蘭氏陰性的細菌、真菌，可立即殺死細菌，並有長期抑制微生物再滋長的功效。可以添加在肥皂、洗手乳、沐浴乳、洗髮精、濕紙巾、漱口水、抗菌噴霧、乾洗手……等相關抗菌產品中。一般產品的添加量最高為0.25％，而沖洗產品的最高添加量為0.5％。

乙醇（95％）

即為濃度95％的酒精，此濃度一般是用來做為乾燥之用，若要作為消毒之用，可以稀釋成75％濃度的酒精來做使用。製作保養品有時也會使用此濃度。

透明奈米銀抗菌劑

屬於一種無機的抗菌劑，也是一種較全方位的抗菌劑，對於黴、菌等都有不錯的效果。因為原料成色為透明的，所以可加在DIY保養品中，即使完成之後也不會影響到成品的色彩。添加1％至3％可當作抗菌劑使用，在手工皂中添加5％可作為抗菌皂，濃度提高到5％左右還能有不錯的除臭效果。

精油乳化劑

精油可搭配此精油乳化劑來操作，可以將精油完全均勻分散在水中，且呈現漂亮的透明感，一般多用來製作許多精油商品，像是精油防蚊液、精油芳香噴霧、精油抗菌噴霧……用途多且實用。添加比例為──乳化劑：精油=1：1至3：1

薄荷腦

半透結晶體，有薄荷的清涼感，非常適合用在夏天的保養品內。一般多添加在護脣膏、保養品中，使用0.5％就會有不錯的效果，若添加於手工皂中，可以添加到2％左右，夏天時使用會有舒服、涼爽的感覺。

橄欖酯

由橄欖油提煉而來，屬於一種親水性的乳化劑。用於水性洗護髮產品，減少起泡劑引起的皮膚刺激、緊繃感；用於泡澡精油中，則可以均勻乳化精油、基礎油於水中，達到滋潤肌膚的目的；用於按摩油中，可以減低基礎油於肌膚的油膩感。

防蟎抗菌劑

產品中添加的抗菌基團能阻止各種細菌、真菌的繁殖，切斷蟎蟲的食物鏈，同時達到防臭的功效。經檢測對金黃色葡萄球菌的抗菌率大於99％；可使防蟎抗菌劑以物理化學方式更牢固的結合在纖維表面，不僅耐洗性佳，安全性亦高，經檢測LD50≥13000/KG（小白鼠），對皮膚無刺激作用。

使用方式是將衣物、被單等織品先行洗淨，沖洗完畢之後浸泡在1000CC的水中約十分鐘（添加30公克防蟎抗菌劑及50公克透明奈米銀抗菌劑），浸泡完成後再以清水沖洗乾淨。可有效殺死並防止蟎類及菌類滋生，即使重複洗淨衣物多次，仍有不錯的防蟎抗菌效果。

茶樹純露

是茶樹精油提煉過程中的衍生品，含有約0.3％至0.5％的精油水溶性成分，所以仍保有原有精油的芳香、部分療效和輕微的抗菌性。因為低濃度的特性所以容易被皮膚吸收，且溫和不刺激。具清潔、殺菌消毒作用，可作為喉嚨痛、咳嗽、牙齦炎的漱口水。直接以鼻吸入數滴，可對抗過敏、鼻竇阻塞問題。茶樹純露加薰衣草純露，則可作為擦傷、切割傷及各種創傷的傷口清潔液。

茶樹精油

茶樹是一種生長在澳洲的樹種，生命力非常強，是具有強力殺菌效果的天然殺菌劑，能有效降低有害物質滋生。安全性高且具獨特效果，即使抹在肌膚上，也不會傷害皮膚組織細胞，塗在傷口上則可避免感染，是潔淨、保護皮膚的天然成分。滲透力強，能將天然舒緩的效果帶到皮膚深層，幫助傷口、膿腫、癤的癒合，對乾癬、膿皰或為黴菌感染的香港腳、癬及灰指甲也能有不錯的效果。天然獨特的香味清新宜人，且提振精神。使用茶樹精油蒸氣還能改善鼻塞情形。

綠花白千層精油

綠花白千層抗菌力與茶樹齊名，味道比茶樹清香，因為綠花白千層跟茶樹和尤加利一樣，都屬於桃金孃科的植物，又都是產自澳洲，與茶樹、尤加利一樣具有清新的味道、抗菌的效果。綠花白千層精油也是萃取自樹葉，分子輕，好代謝，抗菌力也與茶樹、尤加利相當。但綠花白千層味道較清新，且安全度更高，更適合幼童使用，也比茶樹、尤加利在使用上更沒有禁忌。綠花白千層雖然與白千層同屬，但白千層比較適合成人使用。綠花白千層則是白千層屬中最安全的，幼童也可使用。

尤加利精油

　　尤加利葉所含的精油是一種天然的驅蟲劑，主要的功效包括止痛、消炎、鎮靜、殺菌、抗病毒、提神醒腦、化瘀、抗痙攣，及增加表皮微血管血液循環作用。所以常被用在感冒時的呼吸道殺菌防腐作用，及增加呼吸的順暢，但是不可內服的。

　　感到頭昏腦脹、精神萎靡時，也可以使用尤加利葉精油來做為室內薰香劑，能使人神清氣爽，提升工作效率。稀釋後的尤加利精油可用來緩解昆蟲咬傷的痛癢感。而以凡士林稀釋過的尤加利精油，可緩解輕度燒燙傷、刀傷、潰瘍等發炎問題；以尤加利精油按摩淤血部位，可促進血液循環，加速痊癒。但尤加利精油對皮膚有刺激作用，必須稀釋後再使用，年紀小的兒童禁用。

百里香精油

　　百里香原產於地中海沿岸，多年生草本植物，株高約二十至五十公分。百里香的葉子所含的芳香成分，具有增進食欲、促進消化的功用，對於殺菌、防腐也很有效果。在傳統的功效為治療感冒、咳嗽和喉嚨痛，特別適合感冒大流行時使用。因為它是非常好的肺部抗菌劑，可治療各類呼吸道感染，還能有效治癒口腔和喉嚨感染，可用來當作漱口水或漱喉劑，也可當作治療鼻子、喉嚨和胸腔感染的吸入劑。洗澡水中加些百里香精油，可以減輕失眠症。使用在皮膚上可以用來製作治療昆蟲叮咬的急救藥品。

　　但是，百里香精油是很強烈列的抗菌劑，以殺菌、抗菌力著稱，因為它會刺激皮膚與黏膜組織，所以務必小心使用，高血壓患者和孕婦禁用。

檜木精油

　　檜木精油是天然芬多精，特別適合身體疲勞、精神不繼時使用，可以消除疲勞，使精神舒爽。在增強身體免疫機能、調整自律神經、助益呼吸器官及肺機能等方面也有顯著功效。檜木精油也能消除失眠、頭痛、焦慮，能增進血液循環及心臟活力、活絡全身細胞新陳代謝。在皮膚的運用範圍上，對濕疹、發炎、腫脹、皮膚炎、皮膚過敏、香港腳滅菌止癢上有很好的舒緩效果，通常用來製作檜木精油膏、按摩乳液等來使用，還能防止蚊、蚤、蟑螂、蜈蚣、蜘蛛等叮咬，是一種天然的防護劑。也能抑制金黃色葡萄球菌，有效防止細菌感染。

佛手柑精油

　　佛手柑精油來源多是義大利和摩洛哥，是所有柑橘屬植物中最嬌嫩的，需要特別的氣候和土壤才能順利生長。佛手柑精油是由果皮榨取所得的精油，它的葉子經過蒸餾後，也能取得另一種形式的苦橙葉精油。

　　佛手柑能有效提振精神，也是香水中最常見的成分之一，常用於古龍水。佛手柑精油有助於改善呼吸道的傳染性疾病，如呼吸困難、扁桃腺炎、支氣管炎或肺結核等；對消化道也頗有助益，可減輕消化系統的疼痛、消化不良、脹氣、食欲不振等症狀。除菌效果佳，不僅是絕佳的腸內抗菌劑，能驅除腸內寄生蟲；對唇部皰疹、水痘也有消炎、抗菌的功效。同時也是尿道抗菌劑，對尿道的感染和發炎現象很有效，能改善膀胱炎。

　　如果想要在浴缸中也能瘦身，以佛手柑精油泡澡是不錯的選擇，不僅可以將壓力、挫折、無力感拋出體外，也可促進身體排毒及瘦身的效果。佛手柑本身有良好的抗病毒的效果，因此對於壓力大、免疫系統下降的人來說，是可以適時使用的好精油。

薰衣草精油

　　薰衣草精油是用途最廣的精油，由於薰衣草精油的成分非常多且複雜，所以它可以和大部分的精油搭配使用。薰衣草是最具通經功效的精油，若女性有經期失調的問題，都可以使用薰衣草精油減輕不適感。

　　由於薰衣草具有非常好的止痛功能，可以快速且有效地緩解，甚至消除痛經。薰衣草也是很好的抗憂鬱精油，可以舒緩不穩定的情緒。因此，女性因荷爾蒙失調而引起的情緒問題，如經前緊張、更年期憂鬱、產後憂鬱症等，也都可以利用直接吸嗅或按摩來改善症狀。

　　另外，薰衣草的鎮定安撫功效好是大家所讚賞的。如果有因壓力、情緒焦慮、荷爾蒙不平衡而引起的失眠症狀，建議利用它來幫助睡眠。薰衣草名聞遐邇的細胞再生、傷口癒合、消炎殺菌功能，不管是青春期因油脂分泌太多而造成的青春痘、成年人因情緒壓力而引起的成人痘，或更年期因內分泌巨變、抑鬱而引起的毒性痤瘡，都可以把薰衣草花水當潤膚水使用，或直接塗抹在發炎、紅腫的膿包上。

　　薰衣草在驅蟲與殺蟲的效果也是不錯的，通常搭配檸檬香茅精油製成天然的防蚊液，很適合給小朋友於外出時使用。

薄荷精油

薄荷精油給人清涼感，有助於提神醒腦、集中注意力，並能化解鬱悶的心情。對於消化系統非常有效，尤其是對胃臟、肝臟和小腸，它不僅能抗痙攣，對腸絞痛、腹瀉、消化良、嘔吐和反胃，更有不錯的效果，只要以稀釋的薄荷精油以順時針的方向按摩胃部和腹部，即可舒緩許多。感冒時使用薄荷精油則有助於身體溫熱，這是因為體溫相對於薄荷精油的清涼效果所產生的反應。薄荷還能促進流汗，可以達成自然退燒的效果。吸入薄荷蒸氣還可以緩解鼻腔和鼻竇的阻塞情形。薄荷精油不止在抑制身體上的不適、疼痛有顯著的效果，對於皮膚也有許多益處，對消炎、皮膚癢、輕度燒燙傷、肌肉痙攣等都有很好的效果。如遇蚊蟲叮咬，薄荷精油也可以迅速緩解痛癢及發炎現象。是家庭必備的精油之一。

檸檬香茅精油

為東南亞菜餚中最常出現的香料，同時也是芳香療法界常用精油之一，味道較香茅精油柔和、清香，能被多數人所接受。檸檬香茅可用來紓解肌肉的痠痛及放鬆心情，用來按摩不僅可緩和肌肉發炎症或疼痛，並能緩解腳部浮腫。還有除蟲效果，撒在室內也能充滿香氣。此外，也可驅除寵物的寄生蟲和消臭。用在身體上，則有助消化，抑制胃腸的發炎症、強身、驅風、抗憂鬱、催乳、殺菌、殺真菌、殺蟲、刺激、預防疾病、促進消化、除臭、利尿。本書利用它的清新氣息搭配薰衣草、茶樹精油來製作精油抗菌防蚊液。

檸檬精油

檸檬精油主要的生理作用包括制酸、抗菌、防腐、收斂、止痛、安定情緒、利尿、除臭、改善噁心感、止吐、降血糖、鬆弛、止血等作用。檸檬精油的味道給人清新舒暢的感覺，尤其在心情煩悶緊張時，檸檬的氣味可以使人冷靜下來。

在皮膚保養方面，檸檬精油與基底油混合按摩皮膚可以改善面皰肌膚、促進血液循環、改善油性肌膚；對於蚊蟲咬傷、皮膚凍傷、嘴巴潰瘍、年齡及肝機能不好引起的皮膚斑點、受傷後的疤痕改善都有不錯的效果。

在芳療方面，除了改善緊張煩悶情緒，還具有降低血壓、鬆弛血管、收斂鼻腔充血、緩解鼻塞等作用，感冒時可以在薰香精油中添加檸檬精油，可提升免疫功能，緩解呼吸道疼痛症狀。但使用時請注意，檸檬精油略有光敏性，所以過敏皮膚用後，尤其暴露在陽光下，可能造成皮膚過敏。

PART 2

花蓮姐的抗菌配方

提醒您──對抗細菌與病毒，請多洗手！

由於病毒能在一些日常用品表面上存活一段時間，因此可用抗菌噴劑為日常生活用品消毒；回家後沐浴、更換乾淨衣物、勤洗手與漱口為最佳阻絕病毒傳播方法。以下針對生活上各種清潔需求設計了多款配方，讓喜愛手工皂的讀者可以製作出各式保護家人免於細菌威脅的皂品。

◎◎

正確的洗手方式

1.將手充分淋濕後，把肥皂或洗手乳抹在手掌上。

2.搓洗雙手手掌，以消除手上微生物。

3.搓洗手指及兩指間。

4.在手掌上刮洗指甲。

5.搓洗手背及指間。

6.用水將手徹底沖洗。

7.以乾淨的紙巾或布擦乾雙手。

冷製皂

Cold process soap

冷製皂（也稱CP皂）的成皂原理可以一個簡單的化學公式來表示：

油脂 ＋ 水 ＋ 氫氧化鈉 → 皂 ＋ 甘油

氫氧化鈉雖是強鹼，但經過化學反應後已經轉化成皂及保濕效果和滋潤度極佳的甘油了！但記得成品需放置一個月，待鹼度下降熟成之後再使用。

製皂安全守則

做冷製皂的基本材料之一是氫氧化鈉，氫氧化鉀則是製作液體皂的基本材料。由於是做皂時必須接觸的材料，所以應該先充分了解它們的特性，並提醒自己隨時注意安全。

氫氧化鈉（NaOH）是一種強烈的鹼質。遇到油脂產生化學變化後，可以形成肥皂，在化工材料行可以購買到粒狀、薄片狀或粉狀的，白色無臭。氫氧化鈉會吸收四周的水分散發熱量，具有強烈的腐蝕性，還會溶解蛋白質或其他不耐熱的質料。因此，如果處理不當將會非常危險。所以，在製作手工皂之前請將防護措施準備齊全，做完後也請慎重清理。

氫氧化鉀（KOH）的狀態和氫氧化鈉一樣，白色無味，製作液體皂以室溫的純水溶解它時，使用水量是鹼重的三倍，因為含水量較高，氫氧化鉀鹼液（約65℃左右）的溫度並不似氫氧化鈉鹼液（約85℃左右）高；不過，請不要忽略它也是強鹼性液體，操作時亦需非常謹慎！

**製作手工皂時，請一定要遵守以下的注意事項，
以確保自己及家人的安全。**

保護好身體：戴手套、穿圍裙、長褲長袖、襪子或鞋子及戴護目鏡。

在預備製作手工皂的地方鋪上舊報紙。

為了能中和氫氧化鈉（鉀），建議準備一瓶白醋或檸檬汁放在一旁，以便隨手使用。

萬一誤吞或被鹼液濺到時，先以大量的冷水沖灌，並馬上送醫急救。

以浸過醋的抹布清理灑出的氫氧化鈉（鉀），清洗抹布時請戴上手套。

製造過程中千萬別讓寵物或小孩接近；關掉電話及手機才能專心工作。

把裝有氫氧化鈉（鉀）的容器標示清楚，讓全家人都了解它的危險性，並存放在安全的地方。

使用不銹鋼鍋具，千萬別使用鋁、鐵、銅等有被鹼侵蝕可能性的製品。

請在通風狀態良好的情況下混合水及氫氧化鈉（鉀）。

溶解氫氧化鈉（鉀）時會釋放出具腐蝕性的蒸氣，小心不要吸入或刺激到眼睛。

正確秤量氫氧化鈉（鉀）與油脂，注意油與鹼水的溫度，可避免操作失敗。

每次製皂時都慎重的遵守上列注意事項，千萬不要以為熟能生巧就疏忽了。

製皂工具

　　製作冷製皂（或液體皂）所需要的工具，請盡量使用廚房中淘汰下來的舊用具。

◎不銹鋼鍋：當作製皂鍋，用來盛裝皂液。別忘了氫氧化鈉（鉀）屬於鹼性，一定要選擇不銹鋼的質料，鋁製、銅鐵等都不行。不銹鋼鍋在大賣場或超市都可以找的到（#304就是），當然家裡不用的舊鍋子只要是不銹鋼材質的也行。冷製皂可以選用有握柄的鍋子比較好操作，液體皂則以無把手能入鍋蒸煮的鍋子比較方便。

◎手套：廚用的塑膠手套就可以，最好用長一點，可以保護到整個手肘，但是不要用棉質的，因為皂液會滲透。

◎護目鏡：塑膠護目鏡，用來保護眼睛。

◎圍裙：用來保護衣服，被皂液沾到的衣服可是會褪色的！

◎酒精溫度計：西藥房可買到，耐熱溫度可達100℃，準備2支，1支量油、1支量鹼液。

◎秤：精確的秤量配方中的每一個材料重量，關係手工皂製作的成敗。使用一般的烘焙用秤即可，若經費允許，比較建議購買電子秤。若使用新買入的秤，不妨在使用前先了解刻度表示的數值，再開始操作，記得將秤放在平坦的桌子或工作檯上操作，以免失去準確性。連容器一起秤時，有歸零功能的電子秤會方便許多。

◎耐熱玻璃杯：選擇耐熱玻璃杯或耐熱量杯，用來溶解氫氧化鈉（鉀）。

◎不銹鋼長柄湯匙：用來攪拌氫氧化鈉（鉀）和水。

◎橡皮刮刀：用來攪拌皂液、入模時刮淨鍋邊的皂液，選購耐熱型，比較能長久使用。

◎不銹鋼打蛋器：加熱融化油脂時攪拌用，也可以用於皂化過程中的攪拌。

◎刀子：用來切成品，選擇刀刃薄的，切出的皂比較平整，也不容易切歪。

◎磨豆機：磨咖啡豆或堅果類的磨碎機或食物調理機都可以。主要用來磨碎想加在皂裡面的添加物。

◎模型：可以利用微波保鮮盒、紙牛奶盒、布丁盒或裝豆腐的盒子，做出來的成品也很有型。一般來說，越軟、越能用手扳得動的質料越好脫模。烘焙用的矽膠模型也適用於製作冷製皂。

◎量匙、量杯、滴管：使用一般烘焙用的量匙或小藥水杯，用來量取添加物或精油，也可以用吸管代替。

◎直立電動攪拌棒（Stick Blender）：當油脂和鹼水混合後，用來攪拌皂液所用的。目前坊間有些百貨公司或大賣場專櫃有售，是用來準備嬰兒食物或做濃湯用的廚房小家電，攪拌棒的頭部是以不銹鋼材質製成，適用於鹼的環境。因為液體皂需要長時間的攪拌以達到Trace狀態，所以準備一支電動攪拌棒可有利工作順利進行。

Step by step

step1
準備鹼液

依照配方以紙杯秤取氫氧化鈉，以量杯秤取冷水，把氫氧化鈉緩緩倒入水中，並攪拌至完全溶解，放置一旁等溫度下降至40℃至50℃。

量取氫氧化鈉。

step2
準備油脂

把所需油脂逐一秤好重量，倒入鍋中，以小火加熱至40℃至50℃。

準備油脂。

2

量取純水。

3

氫氧化鈉倒入水中，攪拌
至溶解。

Note

當鹼和純水混合後會產
生高溫，所以千萬不能使用
熱水。

2

測量鹼液溫度。

3

測量油脂溫度。

Note

測量時一定要將溫度計
置於容器液面的中心。

step3
攪拌至「Trace」狀態

等待油與鹼水溫度相同時，徐徐將鹼水倒入裝油的鍋中，以打蛋器或刮刀持續攪拌至皂液呈現濃稠狀（Trace），因配方不同需攪拌二十分鐘至數小時不等。

當油脂與鹼水的溫度相同時，將鹼水加入油脂中。

step4
加入添加物精油

加入添加物、精油，再次攪拌均勻即可將皂糊倒入模具，視需要加蓋，靜置四十八小時。

加入色料。

step5
脫模

將皂脫模，視需要切塊後置於陰暗乾燥處熟成，四至六週後方可使用。

約兩天左右就可以脫模，脫模後可切塊。

2 攪拌至濃稠狀。

Note

如果攪拌了很久卻一直無法達到「Trace」，可能是因為溫度不夠高，建議重新加熱至52℃至55℃，再繼續攪拌至「Trace」。

2 加入精油。

3 入模。

Note

入模後，請置於較不通風處，好讓它持續皂化。

Note

切塊後置於通風處，過了成熟期才可使用。在一般正常情形下，可保存一年喔！

花蓮姐的
抗菌配方
1

去霉抗菌家事皂

　　這款配方使用的精油組合除了對付細菌，也有很好的去霉效果，很適合清理潮濕的浴室。

　　如果使用豆腐盒當模型，可以省去脫模切塊的手續，熟成後直接以濕菜瓜布沾來使用，不用多準備一個皂盤。

　　除了打理環境，也可以用來清洗衣物，環保之外也多一份安心！

材料

椰子油300公克
棕櫚油100公克
芥花油100公克
氫氧化鈉84公克
冷水218公克
百里香精油60滴
尤加利精油80滴
甜橙精油60滴
檸檬精油60滴

作法

1.量好精油待用。
2.氫氧化鈉以冷水溶化備用，放置一旁降溫（40℃至50℃內）。
3.將所有油脂混合，加熱至和鹼水相同的溫度（40℃至50℃內）。
4.鹼液與油脂兩者同溫時混合，攪拌至「Trace」狀態。
5.加入精油，拌勻後入模。
6.四十八小時後脫模，成熟期四週。

38

香蜂抗菌皂

　　這款皂用來洗手或沐浴都可以。如果家裡有種植香蜂草，摘下一把葉子，清洗乾淨加水煮汁，過濾出的茶水放涼至室溫移入冷藏室一小時後再用來溶鹼。

　　製作時手邊剛好有茶包，我用了二包泡出濃茶汁，因此成品呈現淺墨綠色。

材料

椰子油150公克
棕櫚油200公克
葵花油100公克
橄欖油50公克
氫氧化鈉73公克
冷卻香蜂草茶水180公克
薰衣草精油80滴
迷迭香精油80滴
茶樹精油100滴

作法

1.沖泡香蜂草茶，降溫後移入冰箱冷卻。
2.量好精油待用。
3.氫氧化鈉以冷卻茶水溶化備用，放置一旁降溫（40℃至50℃內）。
4.將所有油脂混合，加熱至和鹼水相同的溫度（40℃至50℃內）。
5.鹼液與油脂兩者同溫時混合，攪拌至「Trace」狀態。
6.加入精油，拌勻入模。
7.四十八小時後脫模，成熟期四週。

花蓮姐的
抗菌配方
3

潔膚雙用皂

　　簡單好記的配方，做出來的皂可是一點也不簡單。除了特別油的肌膚，大多數的人應該都能接受這塊皂的洗感。對於不想準備太多油品的作皂者，這個三油組合應該能得贏得您的青睞。

　　除了沐浴，也很適合當成洗手皂使用。準備一塊在洗手台邊，教導家人一回到家馬上清洗雙手，免得將外頭的細菌帶回家。年幼的孩子從小養成良好的衛生習慣，流感期間尤其受用。

材料

椰子油100公克
棕櫚油200公克
橄欖油300公克
氫氧化鈉83公克
水208公克
馬丁香精油120滴
佛手柑精油120滴
丁香精油60滴

作法

1.量好精油待用。
2.氫氧化鈉以冷水溶化備用，放置一旁降溫（40℃至50℃內）。
3.將所有油脂混合，加熱至和鹼水相同的溫度（40℃至50℃內）。
4.鹼液與油脂兩者同溫時混合，攪拌至「Trace」狀態。
5.加入精油，拌勻後入模。
6.四十八小時後脫模，成熟期為五週。

花蓮姐的
抗菌配方

4

果綠洗髮皂

很多人覺得洗頭髮用一塊皂、洗澡又得換用另一塊皂很麻煩,這個配方可以解決這樣的困擾,洗髮或沐浴都好用。

幾年前大麻籽油在本地並不容易買到,只能向國外購買。不過目前已經有賣家在販售,不妨上網搜尋一下,訂購一些來試一試。

大麻籽油有著漂亮的果綠色,用量約在20%以下即可。雖然用量不多,成品只能呈現出很淺很淺的綠色,卻可免除用量過高皂體會很軟的困擾。也可將橄欖油置換成未精煉酪梨油,成品又會是不太相同的綠色。

材料

椰子油120公克
棕櫚油180公克
橄欖油50公克
大麻籽油100公克
蓖麻油50公克
氫氧化鈉73公克
水180公克
茶樹精油60滴
迷迭香精油40滴
尤加利精油40滴
天竺葵精油80滴
藍絲柏精油40滴

作法

1.量好精油待用。
2.氫氧化鈉以冷水溶化備用,放置一旁降溫(40℃至50℃內)。
3.將所有油脂混合,加熱至和鹼水相同的溫度(40℃至50℃內)。
4.鹼液與油脂兩者同溫時混合,攪拌至「Trace」狀態。
5.加入精油,拌勻後入模。
6.四十八至六十小時後脫模,成熟期為五至六週。

液體皂

Liquid soap

　　製作液體皂主要是運用熱製的方式，並且需用氫氧化鉀作為鹼質。鉀皂的成品特性和鈉皂很不相同，是一團透明麵糰狀的皂糰（paste），將皂糰稀釋處理後即成液皂，液體皂的製作材料和冷製皂相去不遠，為了確保游離脂肪酸被完全中和以製作出澄澈透明的液皂，熱製法是最好的方法，所以以下的液體皂製作法主要以熱製的方式進行。

　　熱製法並不難，將皂液以攝氏82℃至93℃煮兩到三個小時。提高的溫度能確保中和游離脂肪酸，如果想要製作出澄澈的液體皂，這個步驟是十分重要的。

Step by step

step1
準備油脂

　　操作原則和冷製法相同，精準秤量配方所需的油脂；先將固態油脂融解，再加液態油脂，然後將油脂加熱到70℃至75℃。

step2
準備鹼液

　　氫氧化鉀是製作液體皂所使用的鹼質，它可以做出狀態像麵糰一般的皂糊，而不似氫氧化鈉製出的是硬皂。

step3
攪拌至「Trace」狀態

　　將鹼液倒入油脂中，兩者混合的溫度為鹼液大約是65℃，油脂是70℃，所以操作順序通常會先準備油脂，以免鹼液溫度下降。當鹼液和油脂混合均勻後，可以開始以電動攪拌棒攪拌。在這個過程當中，必需不停攪動皂液，否則會出現油水分離的狀態。在持續攪拌約二十至三十分鐘後，皂液會呈現「乳糜狀」（類似鹹豆漿中有豆花結粒的狀況），再繼續不停攪拌，皂糊狀態會突然出現改變，變成像太妃糖一般的黏稠、平滑，此時電動攪拌器已經攪不動了，得用橡皮刮刀或湯瓢才能使得上力。此刻皂糊才算達到「Trace」狀態。

step4
準備熱製

　　若是鍋子本身就可以直接蒸煮更為方便。
需注意此時鍋子的溫度很高，請使用隔熱墊，
小心不要被燙傷。

step5
稀釋皂糊

　　水量是皂糊重量的一至三倍。水煮滾後加
入皂糊，小火煮至皂糊全部溶化。如果不想馬
上製作稀釋皂液或想分次製作，可以將冷卻後
的皂糊密封放在冰箱保存，冷藏可避免腐敗及
顏色變深的可能。

step6
調色與調香

　　稀釋後的皂液降溫至60℃時可加入香精或
精油及水性染料。初期可能會有渾濁現象，靜
置數天後會轉為澄澈。
　　將皂液裝入壓瓶或幫助產生泡沫的慕絲瓶
中即可使用。

熱製

● 以二至三層的保鮮膜覆蓋鍋子並以橡皮筋箍緊，以防使用電鍋蒸煮時水氣滲入。若要入烤箱，請改覆鋁箔。整個製作過程約為三小時。皂液蒸煮十五分鐘後，取出檢查是否有油水分離狀態。若發生這種狀況，這時候就要再攪拌一下，將液體拌回皂糊中（不需花費太久時間）。蓋回保鮮膜之後讓皂糊繼續加熱。過十分鐘後再檢查一次。若是有必要，還是得繼續檢查並攪拌。

● 如果皂糊膨脹，無需緊張。因為鉀皂糊非常黏稠，在攪拌初期很容易拌入空氣，因此皂糊在蒸煮時，空氣就會在加熱後使皂糊膨脹。只要攪拌一下皂糊讓空氣溢出即可。

● 之後的兩小時中，每二十至三十分鐘就將皂糊攪拌一下。在這段期間皂糊外觀上會有些改變，從白色慢慢變成透明。

除菌洗手液

　　使用此成品洗手可以提升除菌效果,降低手上帶菌量。因為茶樹精油是天然及溫和的清潔與保健用精油,而馬鬱蘭精油在古印度,除了使用於殺菌及防腐作用,並能安撫焦躁、鎮定心緒;肉桂精油則是天然抗菌,甜甜香味可讓使用者有溫暖的感覺。孕婦請避免使用。

材料

椰子油300公克
橄欖油200公克
氫氧化鉀124公克
水372公克
茶樹精油40滴
馬鬱蘭精油20滴
肉桂精油20滴

作法

1.將油脂加熱至65℃。
2.將氫氧化鉀與水混合,降至60℃時將鹼液慢慢倒入油中混合。
3.攪拌至非常濃稠,且放置數分鐘至不會有油水分離現象產生。
4.入鍋進行熱製。
5.皂糊加水稀釋。
6.取溫熱的液體皂200ml,裝入瓶中,再加入茶樹精油、馬鬱蘭精油、肉桂精油,混合均勻後即可使用。

花蓮姐的
抗菌配方

殺菌除垢洗碗液

茶樹精油是天然及溫和的清潔與保健用精油,而甜橙精油可殺菌,且香氣可以讓人有心中充滿陽光般的愉快,所以,多年來這兩種精油是我製作洗碗皂液的必用組合,讓用餐後清理碗盤的工作不再煩人。此配方可用於清洗杯盤、碗筷、居家環境,除了有清潔效果,同時也能殺菌、除垢。

材料

椰子油500公克
氫氧化鉀140公克
水420公克
茶樹精油60滴
甜橙精油20滴

作法

1.將油脂加熱至65℃。
2.將氫氧化鉀與水混合,降至60℃時將鹼液慢慢倒入油中混合。
3.攪拌至非常濃稠,且放置數分鐘至無油水分離現象產生。
4.入鍋進行熱製。
5.皂糊加水稀釋。
6.取溫熱的液體皂200ml,裝入瓶中,再加入茶樹精油、甜橙精油,混合均勻後即可使用。

花蓮姐的
抗菌配方

7

殺菌沐浴乳

　　具有抗病毒或殺菌能力的精油，都具有攻擊細菌或病毒的能力，除了各皂方所使用的組合也可以依喜好自行搭配使用以下天然淨化抗菌精油：香蜂草、茶樹、杜松、尤加利、百里香、薰衣草、迷迭香、丁香、檸檬香茅、天竺葵、鼠尾草、佛手柑、玫瑰草、橙花、月桂、茴香、肉桂、薄荷、檜木等。

　　本配方選用具殺菌力、清香味道的檸檬香茅精油，可提振精神。如果希望沐浴後能有個好眠，請記得以薰衣草精油取代。

材料

椰子油250公克
橄欖油150公克
甜杏仁油50公克
蓖麻油50公克
氫氧化鉀119公克
水357公克
天竺葵精油40滴
檸檬香茅精油20滴
茶樹精油20滴

作法

1.將油脂加熱至65℃。
2.將氫氧化鉀與水混合，降至60℃時將鹼液慢慢倒入油中混合。
3.攪拌至非常濃稠，且放置數分鐘至無油水分離現象。
4.入鍋進行熱製。
5.皂糊加水稀釋。
6.取溫熱的液體皂200ml，裝入瓶中，再加入天竺葵精油、檸檬香茅精油、茶樹精油，混合均勻後即可使用。

透明皂

Melt & Pour soap

　　在坊間的化工材料行或香皂材料專賣店有販售現成皂基，買回來後可以用融化的方式加色加料及重新造型，做成自己想創作出的成品。

　　透明皂和冷製皂最大的不同處在於不需接觸到具腐蝕性的氫氧化鈉，大大減除了被強鹼灼傷的可能性。它是一種新興的手工藝，步驟簡單，充滿樂趣，收成迅速，並能輕易為你贏來周遭朋友艷羨的眼光。

製皂皂基

　　透明皂還有另一個特點，因為接觸到的已經是成皂，所以不需特別準備一套專門的用具，操作完畢之後只要把容器及工具徹底清潔乾淨就可以歸回碗盤架。

　　透明皂最大的好處在於可以重複加熱融化，若不滿意成品的形狀或顏色，可以重新做過，不怕材料浪費。即使是切下來的邊邊角角，也可以將它們先收集起來，再做出變化萬千的造型皂。

　　皂基的種類有純皂皂基（純植物性油脂）、合成皂基（合成洗劑）或由以上兩者混合而成的。每一家製皂公司所使用的配方不盡相同，在購買時可以詢問供應商是否可提供產品成分表，當然這是理想狀況，我想商家多半會以「業務機密」為由婉拒消費者。不過，在購買的時候，還是有幾點可以作為判斷品質的指標：

● 皂基應該近似無味，以免影響到添加物的香味。
● 應該要能洗出柔細、綿密且持久的泡泡。購買時可以詢問商家是否可以切一小塊皂基試洗以判定品質。
● 洗後不應有刺激、乾澀或滑膩感。
● 皂基融化的溫度大約在60℃，在凝固之前應該有足夠的時間用來進行加色及加味的動作。

製皂工具

◎刀子：用來將成皂切塊融化或整修皂邊。

◎不鏽鋼鍋：用來隔水加熱融化皂塊。

◎微波爐與耐熱玻璃碗：耐熱碗是用來裝盛將要以微波融化的皂塊，切記，不銹鋼
鍋千萬不可以放進微波爐裡加熱。

◎攪拌工具：用來攪拌皂液或其他材料，可以使用咖啡攪拌棒或不銹鋼湯匙。

◎量匙：用來量取添加物。

◎模型：由於透明皂不屬於強鹼，模型的選擇比較不像冷製皂有那麼多的限制，建
議選擇軟一些的材質，會比較好脫模。

◎秤：用來秤量所需材料。

◎食物處理機或磨豆機：用來磨碎添加物。

Step by step

step1
融化皂基

將透明皂基切成小塊置於鍋中，進行隔水加熱，或利用微波爐加熱。請記得千萬不要加水，容器也不要沾染到水氣，以免影響成品的凝結。

融化皂基時切勿過度加熱，一般來說，溫度在60℃時皂基應該已經完全融化。加熱過度的皂會脫水，影響成品的透明度，還會使成品碎裂或產生異味；在過熱的皂液中添加染料或香精時可能會使皂液噴出容器外，以致產生灼傷的危機，過熱的皂液更可能損毀塑膠模型。避免被燙傷最好的方法，除了在操作時戴上護目鏡和手套，還有就是不要加熱過度。

step2
添加香味

每100公克皂基的建議精油添加量為0.5%至2%，可以依照個人對香味濃郁的喜好程度來決定用量，一般來說2%的精油量已經很足夠，加太多除了是一種浪費，精油含量過高用起來也可能會刺激肌膚，有時還會使成品呈現霧狀。

精油遇熱容易揮發，操作時的皂液溫度約在55℃左右比較適宜，記得要攪拌均勻，以免精油聚集在成品某一部分，使用時可能會過度刺激肌膚。

step3
加入顏色

請發揮創意，並注意顏色和香味的關聯性，美麗的顏色可以給透明皂全新的生命。

至於是先加香味？還是顏色？一般建議先加色再加味。但是因為有些香精或精油會使皂液變黃，若在藍色的皂液中加入上述香精或精油後，可是會讓藍皂變綠皂的。所以請自行決定step2及step3的順序是否要顛倒過來。

市售染料有液狀、粉狀及塊狀，以液狀的染料使用起來最為方便。使用時一邊輕輕攪拌皂液，一邊一滴一滴地慢慢加入染料，直到呈現出所要的顏色為止。

有些粉狀的染料號稱可以直接溶在皂液中，不過為了避免結塊或產生斑點，最好是根據罐上標示，視其為水溶性或油溶性，先行加以溶化後再使用，比較容易掌握。

若要有不透明效果，可添加二氧化鈦粉或使用椰子油皂基。椰子油皂基融化後呈現透明，但溫度降低時又會回復成不透明的白色。（可根據此點特性判斷是否真為椰子油皂基）。椰子油皂基的融點高於一般甘油透明皂基，操作時請小心。水溶性顏料可能導致顏色暈開，而非水溶性顏料可能會使得成品不夠清澈，請先考慮好所想要的效果，再決定使用哪一類型的染料。

加入色料時，請一點一點慢慢地添加，若不小心加入太多色素，可以再加入少許融化皂基以沖淡顏色。

食用色素不宜用來做透明皂的染料，因為非常容易褪色，但可以用在液體皂。雖然創意無價，但是顏色和香味的關聯性仍應有些根據。

step4
加入添加物

液體類的添加物可以直接加在皂液中，如基礎油、蜂蜜、甘油、粹取液、蘆薈膠等；請注意添加的量不要超過2%。（別忘了材料已經是成皂了，加了太多的液體水分會改變既有的狀態，無法成形。）

固體類的添加物一般傾向於沉在模型底部，如燕麥片、乾燥花草茶等。如果希望固體添加物產生懸浮的效果，請先讓皂液在容器中降溫，等到皂液呈現如果凍般的濃稠狀時再倒入模型。固體類的添加物應先磨碎後再使用，以免顆粒過大阻塞了排水管。除非很有把握已研磨到夠細，否則加了固體添加物的成皂盡量不要使用在臉部，比較適合用在手肘或膝蓋等粗糙部位。

切記勿使用觀賞用的乾燥花，因為其處理過程中可能添加有不適於肌膚使用的化學藥品。

step5
入模

將處理好的皂液越貼近模型越好，直接倒入模型中央即可。如果入模後表面有許多氣泡，可以噴少許的酒精，就可以消泡，但噴過酒精的成品放置一段時間之後，表面會略微縮水，可能不太美觀，建議你在成品脫模後再修去不美觀的部分。而且酒精含量高，洗起來會乾澀，因此是否要使用酒精請自行斟酌。

任何造型之容器皆可做為模型之用，建議你利用自家環境中隨手可得的各種不同容器，如凍盒、布丁盒、牛奶盒、製冰盒、收納盒，但須注意勿選太硬的材質以方便脫模。入模前先在模型內部塗抹少許或凡士林，可讓脫模的工作更容易進行。

step6
凝固後脫模
即可使用

一般操作情況下，一百公克的皂基入模後約一小時即可脫模，但要如何判別是否可以脫模了呢？你可以用手指輕輕壓一壓成品的表面，判斷是否已凝固到夠硬可以脫模的程度。如果希望皂液趕快凝固，可以把模型放入置有冷水的容器降溫。如果不慎用到不易脫模的容器，可以將成品放久一點，甚至放置隔夜，等水分收乾，或乾脆放入冰箱冷凍室十分鐘左右，取出後再於模型外部沖點熱水，就可順利脫模了。

如果脫模後的成品不馬上使用，應以不透氣的保鮮膜包裝，除了可防止皂裡所含的甘油吸收空氣中的水氣產生冒汗現象，更可以防止香味散失。

香氣四溢的透明皂像極了好吃的果凍，建議你一定要標示清楚並小心收藏，以免孩童誤食。

花蓮姐的
抗菌配方

蜂膠茶樹皂

　　有研究報告指出天然蜂膠能相當有效的對抗黴菌及陽性菌，並且有顯著的抗病毒活性。利用透明皂基製作這款皂，對於長青春痘的肌膚也有不錯的緩解效果。用來洗手或沐浴都可以。

材料

透明皂基120公克
蘆薈膠1大匙
蜂膠60滴
茶樹精油40滴

作法

1.將皂基切成小塊置於鋼杯中，以小火隔水加熱使之融化。
2.待皂液降溫至攝氏55℃以下，再加入精油及添加物。
3.將皂液倒入模型內放涼。
4.約一小時後皂液會冷卻凝固，再自模型中取出即可使用。

花蓮姐的
抗菌配方
9

迷迭薑皂

葡萄柚精油使人精神愉快，迷迭香精油可收斂皮膚，薑精油可促進血液循環。以此款皂沐浴時，經由熱水的作用將精油的味道散出，一天的疲勞也隨之洗去！使用南薑粉或超市香料區的薑粉皆可，若手邊無此材料也可省略。

材料

透明皂基120公克
薑粉1/2小匙
蘆薈膠1大匙
薑精油10滴
葡萄柚精油10滴
迷迭香精油20滴

作法

1.將皂基切成小塊置於鋼杯中，以小火隔水加熱使之融化。

2.待皂液降溫至攝氏55℃以下，再加入精油及添加物。

3.攪拌均勻後將皂液倒入模型內，放涼。

4.約一小時後皂液會冷卻凝固，再自模型中取出即可使用。

花蓮姐的
抗菌配方
10

蘆薈檜木皂

可到中藥行購買沒藥粉，價格非常便宜。這款皂洗臉或沐浴都適合。

也許你會好奇為何三款透明皂方皆使用了蘆薈膠，那是因為蘆薈對於皮膚有清潔、營養、消炎、修復等多種功效，是個人製作透明皂時必備的添加物。雖然蘆薈膠可以自製，用量不多的情況下，建議使用美妝店販售的成品，將會省事許多。

材料

透明皂基120公克
蘆薈膠1大匙
沒藥粉1/2小匙
杜松子精油10滴
檜木精油20滴
檀香精油10滴

作法

1.將皂基切成小塊置於鋼杯中，以小火隔水加熱使之融化。
2.待皂液降溫至攝氏55℃以下，再加入精油及添加物。
3.攪拌均勻後將皂液倒入模型內，放涼。
4.約一小時後皂液會冷卻凝固，再自模型中取出即可使用。

PART 3

格子的抗菌配方

不論是嘴裡的、手裡的、身體上的……
格子這次使用了一些新材料，
希望這些配方可以給你許多的建議與參考，
在居家生活能幫上一點忙。

格子的
抗菌配方
11

抗菌洗手乳

　　洗手，是一件很容易的事，卻是攸關健康的一件大事，所以不論大人或小孩，都應該養成常洗手的好習慣才是。這款洗手乳不僅加了茶樹精油和薄荷精油，還加了綠花白千層精油，味道更清新，抗菌力也更強囉！而且安全性很高，幼童也可以放心使用呢！使用時取適量洗手乳，搭配清水，按照正確洗手方式洗手就可以囉！

材料

A
HEC乙基纖維素1公克
純水60公克
B
有機椰子油起泡劑30公克
Chlorbcxidine殺菌劑5公克
C
透明奈米銀抗菌劑2公克
D
茶樹精油10滴
綠花白千層精油10滴
薄荷精油10滴

作法

1. 先將水加熱到100℃，加入HEC乙基纖維素，拌勻，直到粉體完全溶解。
2. 再將材料B攪拌均勻，加入材料A當中。
3. 加入材料C抗菌劑，拌勻。
4. 等待溫度下降至45℃以下，加入材料D等精油配方，攪拌均勻後再裝罐（壓瓶）即完成。

格子的
抗菌配方
12

口罩殺菌噴霧

　　這款抗菌噴霧不僅可以有效阻絕細菌、病毒入侵口鼻的機會，也增加了戴口罩的樂趣喔！使用方式也十分簡單，只要直接噴灑於口罩的外側就可以了呢！

材料

A
透明奈米銀抗菌劑5公克
Chlorbcxidine殺菌劑0.25公克
B
茶樹純露95公克
C
薄荷精油5滴
茶樹精油10滴
尤加利精油5滴

作法

1.將材料A混合、攪拌均勻。
2.將材料B加入材料A當中，攪拌均勻。
3.將材料C加入，攪拌均勻後裝罐（噴瓶）即完成。

格子的
抗菌配方
13

防蚊抗菌噴霧

　　每每外出，皮膚很容易被蚊子咬的一個包、一個包，紅紅又腫腫，真的很不舒服。這罐噴霧是二合一的功能，除了防蚊之外，還有消毒的作用。可以隨身攜帶在包包當中，隨時噴於肌膚上，免除蚊蟲叮咬和不乾淨的環境，可以直接噴灑於肌膚喲！

材料

A
茶樹精油10滴
丁香精油10滴
薰衣草精油10滴
檜木精油10滴
檸檬香茅精油10滴
精油乳化劑10公克
B
水75公克
透明奈米銀抗菌劑10公克

作法

1.將材料A混合後攪拌均勻。
2.將材料B加入材料A當中，攪拌均勻後裝罐（噴瓶）即完成。

格子的
抗菌配方
14

無懼淨化香氛

　　給自己、家人一個乾淨、舒適的居家氛圍其實不是一件難事喔！你可以根據所要創造的氛圍及使用目的，挑選所需要的精油，再搭配各式的薰香器具來使用，就能享受香氛、無所懼的清潔環境。這款香氛配方挑選了茶樹精油、薄荷精油、尤加利精油、檜木精油、百里香精油，特別適合在流感期間使用。

材料

茶樹精油10滴
薄荷精油5滴
尤加利精油5滴
檜木精油5滴
百里香精油5滴

用法

建議搭配噴霧式的芳香水療機一起使用，直接滴入裝有七、八分滿水的噴霧水療機中，只要按下開關即可。當然也可以使用一般的薰香燈。

格子的
抗菌配方
15

淨身泡澡精

　　每回泡澡時可以倒入5至10ml左右的泡澡精，浸泡完後不需要再清洗，只要擦乾肌膚即可。常常泡澡可以紓壓，讓精神獲得舒緩，增進身體循環，是一項很不錯的生活沐浴樂事。

　　此配方使用對呼吸系統有幫助的尤加利精油，透過溫熱的洗澡水，除了清潔身體、消毒抗菌之外，更能讓呼吸道淨化，能讓你裡裡外外都乾淨，一定要試試看喔！

材料

A
荷荷芭油90公克
橄欖酯10公克
B
百里香精油5滴
茶樹精油5滴
尤加利精油5滴
檜木精油5滴
佛手柑精油5滴

作法

1.將材料A混合，攪拌均勻。
2.將材料B加入材料A當中，攪拌均勻後裝罐（有色玻璃瓶或鋁罐中）即完成。

格子的
抗菌配方
16

清涼漱口水

市售的漱口水當中,很多都含有酒精成分,若是長久使用,其實並不健康。使用天然的茶樹純露來當作漱口水,效果很不賴喔!

材料

A
茶樹純露95公克
純水100公克
B
茶樹精油10滴
檸檬精油5滴
薄荷精油5滴
綠花白千層精油10滴

作法

1.將材料A混合,攪拌均勻。
2.將材料B加入材料A當中,攪拌均勻後裝罐（有色玻璃瓶）即完成。

◆精油與水不相容,使用前請先搖晃均勻喔!

格子的
抗菌配方
17

魔力紫草膏

　　這是豪華版的紫草膏，浸泡油部分添加了金盞花與甘草的配方，加強消炎與抗菌的作用。另外，在精油部分也添加了對肌膚舒緩、發炎有幫助的檜木精油，和強效抗菌的綠花白千層精油。隨身攜帶一罐，能提神醒腦、消炎抗菌，真的很不賴喔！尤其感冒鼻塞的時候擦一點，真的會舒服很多！

材料

A
花草浸泡橄欖油15公克
（金盞花10公克、紫草50公克、
甘草10公克浸泡1公升橄欖油）
月見草油2公克
琉璃苣油2公克
B
精緻乳油木果脂20公克
天然蜜蠟6公克
C
薄荷腦4公克
茶樹精油20滴
薰衣草精油20滴
綠花白千層精油10滴
薄荷精油20滴
檜木精油10滴

作法

1.將材料B量好，隔水加熱至完全融解。
2.將材料A倒入，並且攪拌均勻。（若溫度
　下降過快而導致油脂凝結，請稍稍回溫一
　下到完全融解。）
3.等待溫度下降到45℃以下，加入材料C，
　攪拌均勻後裝罐（馬口鐵、塑膠藥盒護唇
　膏管皆可）即完成。

格子的
抗菌配方
18

放心乾洗手

　　有時外出常會遇到沒有水可以洗手，或沒有洗手乳可以洗手的情形，如果包包裡頭隨身帶一罐乾洗手，每回出門都能開心、放心的遊玩喔！

材料

A
純水15公克
乙醇（95％）60公克
1%玻尿酸原液（200萬分子量以上）20公克
奈米銀抗菌劑5公克
B
凝膠形成劑
（耐酸鹼、酒精）0.5公克
C
三乙醇胺0.5公克
D
茶樹精油10滴
綠花白千層精油10滴

作法

1.先將材料A全部混合，並攪拌均勻。
2.再材料B加入，攪拌均勻。
3.每十分鐘拌勻一次，直到凝膠形成劑的粉末呈現透明狀（約三十分鐘）。
4.將材料C、D加入，攪拌均勻後即完成。

抗菌洗碗精

按照一般正常洗碗程序清潔即可。若要自行製作寶寶的奶瓶洗
劑，可以將有機椰子油起泡劑換成溫和玉米油起泡劑，可以更安心的
用來清潔寶寶脣齒相依的奶瓶、固齒器、玩具等用品喔！

材料

A
HEC乙基纖維素1公克
純水60公克
B
有機椰子油起泡劑30公克
C
奈米銀抗菌劑2公克
D
茶樹精油20滴
檸檬精油10滴

作法

1. 先將水加熱到100℃，加入HEC乙基纖維素拌
   勻，直到粉體完全溶解。
2. 將材料B加入材料A當中，攪拌均勻。
3. 加入材料C抗菌劑，拌勻。
4. 等待溫度下降至45℃以下，加入材料D等精油配
   方，攪拌均勻後裝罐（壓瓶）即完成。

格子的
抗菌配方
20

地板清潔劑

　　這款地板清潔劑的配方，除了有殺菌的茶樹精油，還添了加薰衣草精油，可以讓家中的螞蟻減少一點喔！此配方為一次清潔使用完畢的配方，建議讀者可以以此濃縮配方，在每次拖地時，按照比例加入3000ml的清水來做地板清潔。除了地板之外，也可以使用此配方來擦拭家中的家具，讓居家生活更安心。

材料

A
Chlorbcxidine殺菌劑5公克
水3公升
B
茶樹精油30滴
檸檬精油10滴
薰衣草精油20滴
精油乳化劑10公克

作法

1. 將材料A混合，攪拌均勻。
2. 將材料B混合，攪拌均勻。
3. 將材料A與材料B兩項混合均勻即可使用。

格子的
抗菌配方
21

抗菌洗衣精

　　洗後的衣物會有很棒的香氛氣味，不僅穿起來感覺特別舒服，也很放心喔！使用時先將衣物放入洗衣機中，按照衣物量所需之一般洗衣劑劑量倒入抗菌洗衣精，再依正常洗衣程序操作即可。

材料

A
有機椰子油起泡劑300公克
純水600公克
Chlorbcxidine殺菌劑50公克
奈米銀抗菌劑2公克
B
茶樹精油100滴
檸檬精油50滴
薰衣草精油100滴

作法

1.將材料A混合，並攪拌均勻。
2.將材料B滴入材料A中，混合後攪拌均勻，
　裝罐後即可使用。

格子的
抗菌配方
22

洗衣浸泡液

　　將清洗過的衣物、床單放入混合好的抗菌防蟎浸泡液當中，大約停留十至十五分鐘，再將衣物、床單以清水清洗一遍，脫水之後晾乾、曬太陽即可，如此可以有效防止蟎類及菌類的滋長。若使用防蟎抗菌劑耐洗型的原料，衣物可達到十五次左右的防蟎抗菌效果。

材料

防蟎抗菌劑（耐洗型）30公克
透明奈米銀抗菌劑50公克
純水920公克
茶樹精油20滴
薰衣草精油20滴

作法

將所有材料混合，攪拌均勻後即完成。

格子的
抗菌配方
23

抗菌防蟎噴霧

這款噴霧用途極廣，除了抗菌、防蟎之外，還有除臭的效果，不僅可噴灑於衣物、織品、物體，也可使用於──

◎空氣清淨機、冷氣空調上的濾網。

◎居家空間，例如：鞋櫃、空氣清淨機、冷氣機濾網……

◎居家織品，例如：布娃娃、抱枕、窗簾、床墊……

◎戶外購物，例如：百貨公司的嬰兒推車、大賣場的手推車、提籃、公共廁所的馬桶蓋（寶寶、孕婦、行動不便者）……

材料

A
防蟎抗菌劑（耐洗型）3公克
透明奈米銀抗菌劑10公克
水82公克
B
綠花白千層精油10滴
茶樹精油20滴
尤加利精油5滴
薄荷精油5滴
薰衣草精油20滴
精油乳化劑8公克

作法

1.將材料A混合，攪拌均勻。

2.將材料B混合，攪拌均勻。

3.將材料A、B混合後攪拌均勻，裝罐後（噴瓶）即完成。

愛上手工皂 01

格子教你作自然╳無毒 親膚皂
（好評修訂版）

作者：格子
規格：平裝‧112頁‧17×24cm‧彩色
定價：350元

愛上手工皂 02

格子教你作甜點手工皂
可愛滿點，實用度100%，一年四季都適合的親膚手工皂
（附贈手工皂擠花教學DVD）

作者：格子
規格：平裝‧112頁‧17×24cm‧彩色
定價：350元

愛上手工皂 05

格子教你作自然好用的
100款手工皂&保養品（暢銷修訂版）

作者：格子
規格：平裝‧144頁‧19×24cm‧彩色
定價：399元

用「好油」，作好皂！
了解「油脂特性＆脂肪酸」，
讓你不只玩玩，更能知其所以然！

本書回歸最原始的皂化反應、詳解各式油脂特性、調香整理，
以紮實的理論建立一套清晰的脈絡，
並釐清各種製皂時常有的困惑。
期待所有手工皂DIY者讀過這本書後，
都能不只是玩皂，還能知其所以然！

愛上手工皂 06
不玩花樣！
約瑟芬的手工皂達人養成書

作者：約瑟芬
規格：平裝・168頁・19×24cm・彩色
定價：480元

愛上手工皂 ⑱

陳彥渲染手工皂（暢銷增訂版）

三種渲染法、五個步驟，帶你次進入渲染皂的百變世界

＊ 暢銷新裝再版‧收錄5款全新作品！
＊ 附贈完整教學DVD，輕鬆學會渲染技巧。

陳彥自行研發的格板渲染法，
讓製作渲染皂的過程更容易，新手也能輕鬆學會。

準備好一張桌子、基本的材料和工具，
接著，盡情享受渲染的樂趣，
相信你也能繪製出令人驚豔的渲染皂！

作者：陳彥
規格：平裝‧120頁
　　　19×24cm‧彩色
定價：380元

Soaps

愛上手工皂 ④

超詳解！初心者の開心打皂筆記書
一次學會分層皂×蛋糕皂×填色皂×翻模技巧‧
快樂打皂‧玩不膩！

作者：依凡‧Q瑭MaMa‧蘇菲‧蕊蕊（蕊姑娘）
規格：平裝‧144頁‧19×24cm‧彩色
定價：380元

由四位手工皂職人無私獻上
四大主題的製皂技巧&配方，
從基本功到進階玩法，分解步驟圖文說明，
讓打皂初心者一本上手，開心打皂玩不膩！

Soaps

你 可以手創你的

生活態度

🌾 面膜土原料　　🌾 手工皂原料

🌾 保養品原料　　🌾 蠟燭原料

🌾 矽膠模·土司模

手工皂／保養品　基礎班&進階班　**熱烈招生中**

國家圖書館出版品預行編目資料

100%在家就可以簡單製作的抗菌手工皂(暢銷版)：
大人和小孩都合用的抗菌手工皂.噴霧.紫草膏.洗手
乳.家事清潔劑 / 花蓮姐, 格子著.
-- 三版. -- 新北市：雅書堂文化, 2016.06
　面；　公分. -- (愛上手工皂 07)
　ISBN 978-986-302-315-9 (平裝)

　1. 肥皂

466.4 　　　　　　　　　　　　　　　105008097

愛上手工皂 07

100%在家就可以簡單製作的抗菌手工皂（暢銷版）

大人和小孩都合用的抗菌手工皂‧噴霧‧紫草膏‧洗手乳‧家事清潔劑

作　　者／花蓮姐‧格子
發 行 人／詹慶和
總 編 輯／蔡麗玲
企劃‧專案執行／蘇真
執行編輯／陳姿伶
編　　輯／蔡毓玲‧劉蕙寧‧黃璟安‧白宜平‧李佳穎
執行美編／陳麗娜
美術編輯／周盈汝‧韓欣恬
攝　　影／數位美學‧賴光煜
出 版 者／雅書堂文化事業有限公司
發 行 者／雅書堂文化事業有限公司
郵撥帳號／18225950
戶　　名／雅書堂文化事業有限公司
地　　址／新北市板橋區板新路206號3樓
電　　話／(02)8952-4078
傳　　真／(02)8952-4084
網　　址／www.elegantbooks.com.tw
電子郵件／elegant.books@msa.hinet.net

2016年6月三版一刷　定價 280 元

總 經 銷／朝日文化事業有限公司
進退貨地址／235新北市中和區橋安街15巷1號7樓
電　　話／02-2249-7714
傳　　真／02-2249-8715

THE HANDMADE

SOAP BOOK

THE
HANDMADE

SOAP BOOK